BEI GRIN MACHT SICH IHR WISSEN BEZAHLT

Sven-David Müller

Fasten, Heilfasten und Nulldiät ernährungswissenschaftlich bewertet

Sind Fasten, Heilfasten und Nulldiät gesundheitsförderlich oder gefährlich?

GRIN Verlag

Bibliografische Information der Deutschen Nationalbibliothek:

Die Deutsche Bibliothek verzeichnet diese Publikation in der Deutschen National-
bibliografie; detaillierte bibliografische Daten sind im Internet über http://dnb.d-
nb.de/ abrufbar.

Impressum:

Copyright © 2011 GRIN Verlag, Open Publishing GmbH
Druck und Bindung: Books on Demand GmbH, Norderstedt Germany
ISBN: 978-3-656-92723-5

Dieses Buch bei GRIN:

http://www.grin.com/de/e-book/169558/fasten-heilfasten-und-nulldiaet-ernaeh-
rungswissenschaftlich-bewertet

GRIN - Your knowledge has value

Der GRIN Verlag publiziert seit 1998 wissenschaftliche Arbeiten von Studenten, Hochschullehrern und anderen Akademikern als eBook und gedrucktes Buch. Die Verlagswebsite www.grin.com ist die ideale Plattform zur Veröffentlichung von Hausarbeiten, Abschlussarbeiten, wissenschaftlichen Aufsätzen, Dissertationen und Fachbüchern.

Besuchen Sie uns im Internet:

http://www.grin.com/

http://www.facebook.com/grincom

http://www.twitter.com/grin_com

Fasten, Heilfasten und Nulldiät aus ernährungswissenschaftlicher Sicht

In jedem Frühjahr beginnt die Zeit des Fastens. Damit sind das medizinische Fasten und das religiös bedingte Fasten gemeint. In der Bevölkerung herrscht der Irrglaube, dass Fasten und Heilfasten gesundheitsförderlich sind. Zudem haben viele die Meinung, dass Fasten ungefährlich ist. Die gesundheitlichen Risiken des Fastens sind jedoch immens. Ernährungswissenschaftler Dipl. oec. troph. Thomas Reiche, Köln hat sich zusammen mit Sven-David Müller, M.Sc., Marburg an der Lahn, wissenschaftlich mit dem Fasten beschäftigt.

Der althochdeutsche Begriff „Fasten" (mittelhochdeutsch: „vastan", gotisch: „fastan") ist abgeleitet von „(fest-)halten, beobachten, bewachen". Wahrscheinlich brachte ursprünglich die ostgotische Kirche damit den wichtigen christlichen Wert der Enthaltsamkeit zum Ausdruck, im Sinne von „an den (Fasten-)Geboten festhalten". Anschließend hat sich der Begriff im 5. Jahrhundert bei anderen germanischen Stämmen und den Slawen ausgebreitet [1]. Ursprünglich leitete sich das Fasten religiös her. Viele Religionen kennen Fastenzeiten zur Reinigung der Seele, Buße, Abwehr des Bösen, Streben nach Konzentration, Erleuchtung oder Erlösung. In der Neuzeit wird verstärkt aus therapeutischen Gründen (Heilfasten) oder mit politischen Motiven (Hungerstreik) gefastet. Heutzutage fasten die meisten Menschen allerdings vor allem, um ihr Übergewicht zu bekämpfen. Oder sie verzichten auf andere schlechte Gewohnheiten, wie z. B. Rauchen, Alkohol, Süßigkeiten oder Fernsehen.

Definition des Fastens

Nach den Leitlinien der „Ärztegesellschaft für Heilfasten und Ernährung (ÄGHE)" ist unter Fasten der freiwillige Verzicht auf feste Nahrung und Genussmittel für begrenzte Zeit zu verstehen. Bei richtig durchgeführtem Fasten besteht gute Leistungsfähigkeit ohne Hungergefühl. Fasten betrifft den Menschen in seiner Körper-Seele-Geist-Einheit [2]. Die Deckung des Energie- und Substratbedarfs erfolgt während des Fastens (Energieaufnahme 0 bis 300 Kilokalorien) aus körpereigenen Depots. Geschieht dies aus gesundheitlichen Gründen, spricht man vom Heilfasten oder therapeutischen Fasten. Unverzichtbar beim Fasten sind eine ausreichende kalorienfreie Flüssigkeitszufuhr (mindestens 2,5 Liter/Tag Mineralwasser, Tee), Förderung aller Ausscheidungsvorgänge sowie ein ausgewogenes Verhältnis von Bewegung und Ruhe sowie ein sorgfältiger Kostaufbau mit Hinführung zu einem gesünderen Lebensstil [2, 3]. Kurzfasten (5 bis 10 Tage) stellt für Gesunde eine Form der Erwachsenenbildung dar und soll der eigenverantwortlichen Gesundheitsförderung und Verhaltensänderung dienen. „Fasten für Gesunde" zielt auf eine intensivere körperliche und seelisch-geistige Wahrnehmung sowie ein positives Verzichterlebnis in einer Konsumgesellschaft ab und kann somit Auftakt zur Änderung der Ernährungsweise sein. Langzeitfasten (14 bis 28 Tage), auch therapeutisches Fasten oder Heilfasten genannt, dient der Vorbeugung und Behandlung ernährungsabhängigen Stoffwechselkrankheiten (z. B. dem metabolischen Syndrom) und Krankheiten des Bewegungsapparates (Tab. 1). Heilfasten ist ein Naturheilverfahren, das ausschließlich unter ärztlicher Kontrolle in Fastenkliniken durchgeführt wird [2, 3].

Tab. 1: Indikationen und Kontraindikationen des Heilfastens
(Quelle: Mod. nach [2, 4, 5])

Indikationen	Kontraindikationen
1. Vorbeugendes Fasten	Schwangere
Erhöhte Cholesterinwerte (Hypercholesterinämie)	Stillende
Bluthochdruck	Kinder
Diabetes mellitus Typ II	Jugendliche
Adipositas	Ältere Menschen (> 65 Jahre)
Gicht	
Rauchen	Herzrhythmusstörungen (QT-
Bewegungsmangel	Intervall im EKG)
Stress	Koronare Herzerkrankungen
Ziel: Abbau von Risikofaktoren	
	Krebskrankheiten
2. Heilendes Fasten	Leber- oder
Herz-Kreislauf-Erkrankungen	Nierenfunktionsstörungen
Krankheiten des Verdauungssystems	Diabetes mellitus Typ I
Erkrankungen des Bewegungsapparates (z. B. rheumatoide Arthritis)	Erhöhte Harnsäurewerte (Hyperurikämie)
Hautkrankheiten (z. B. Psoriasis)	Schwere
Atemwegserkrankungen	Allgemeinerkrankungen
Psychosomatische Störungen	Psychische Störungen
Ziel: Behandlung der Erkrankung	Anämien

Fastenformen

Die nachfolgende Vorstellung weitverbreiteter Fastenformen konzentriert sich auf die Grundform des therapeutischen Fastens, dem Heilfasten, dessen Diätplan – mit Ausnahme des totalen Fastens – in den übrigen Fastenformen lediglich variiert wird:

▶ Heilfasten nach Buchinger

Beim Heilfasten handelt sich dabei um einen Begriff, den Dr. Otto Buchinger (1878–1966) zuerst im Jahre 1935 prägte. Damit verbindet er das ärztlich betreute, stationäre multidisziplinäre Fasten, das die drei Dimensionen des Menschen berücksichtigt (medizinisch, psychosozial, spirituell) und sich sowohl für Prävention und Therapie als auch für das „Fasten für Gesunde" anbietet. Das Heilfasten ist keine Therapieform, die man einfach zu Hause durchführen kann, da eine wesentliche äußere Voraussetzung dafür der Abstand vom Alltag ist. Dieser ist nur in speziellen Fastenkliniken unter Aufsicht erfahrener Fastenärzte immer gewährleistet. Für Buchinger stellte das Fasten nur die Bedingung für die Entfaltung der menschlichen Seele dar. Beim Heilfasten geht es also nicht um profanes Abspecken um jeden Preis. Die Gewichtsreduktion steht nicht im Vordergrund, sondern ist eine positive Begleiterscheinung [5, 6]. Buchinger legte großen Wert auf die religiöse, spirituelle und psychotherapeutische Wirkung des Fastens. Dementsprechend sind Bewegung (z.B. Wandern, Schwimmen),

Psychotherapie, Physiotherapie und naturheilkundliche Verfahren (z. B. Atemschulung, Akupunktur, Massage, Bäder, Sauna, Homöopathie), Entspannungstherapie (z. B. Yoga, Autogenes Training und Meditation) und ein Nachsorgeprogramm zur Ernährungsumstellung feste Bestandteile einer Heilfastenkur. Begonnen wird sie mit einem Entlastungstag, an dem die Fastenden hauptsächlich Kohlenhydrate aufnehmen (Energiezufuhr 600 Kilokalorien). Der Entlastungstag kann als Obst- oder Reistag gestaltet werden. Das eigentliche Fasten wird am Morgen mit einer gründlichen Darmreinigung durch die Einnahme von 40 Gramm Glaubersalz (Natriumsulfat) auf 0,75 Liter Wasser eingeleitet. Der Fastende sollte jede „Mahlzeit" (Tab. 2) langsam und bewusst verzehren.

Tab. 2: „Fastenmahlzeiten"
(Quelle: Mod. nach [2, 4, 6])

Tageszeit	Menge	Getränk
	0,25 l	Kräutertee (Pfefferminz-,
	0,25 l	Kamillentee)
morgens	0,25 l	heiße Gemüsebrühe
mittags	0,25 l	schwarzer / grüner Tee mit 2 – 3
nachmittags	2 l	Teelöffeln Honig
abends		Fruchtsaft (frisch gepresst)
dazwischen		natriumarmes Mineralwasser

Eine Fastenkur dauert 21 bis 28 Tage, da nach Buchinger die entscheidenden Prozesse der „Entgiftung und Reinigung" erst in der dritten Woche beginnen. An jedem zweiten Tag wird ein Einlauf mit Kamillenauszug verabreicht zur Abführung von „Schlackenresten". Wichtig ist die richtige Durchführung des „Fastenbrechens" (engl. breakfast). Buchinger empfiehlt den langsamen, bewussten Verzehr eines Apfels am Mittag sowie eine ungesalzene Kartoffelsuppe mit Gemüse am Abend. Abschließend folgen drei bis vier kohlenhydrat- und ballaststoffreiche „Aufbautage", in denen die Kalorienmenge schrittweise von 800 über 1000 und 1200 auf 1600 Kilokalorien gesteigert wird [2, 4, 5].

▶ Tee-Säfte-Fasten
Bei dem klassischen Tee-Säfte-Fasten handelt es sich um eine reine Trinkkur nach Otto Buchinger, die im deutschsprachigen Raum am häufigsten angewandt wird. Über gewisse Fastengetränke nimmt man einige Kohlenhydrate, Vitamine, Mineralstoffe und Spurenelemente zu sich. Erlaubt ist neben verdünnten Frucht- und Gemüsesäften, Kräutertees, die mit Honig gesüßt werden, und sehr viel Wasser, auch ein Teller Suppe um die Mittagszeit. Da man dem Körper lediglich Flüssigkeiten verabreicht, bleibt der Verdauungsapparat weitgehend unbelastet. Besonders geeignet ist das Tee-Säfte-Fasten bei moderat bis stark Übergewichtigen. Schlanke Personen sollten eher Abstand halten, genau wie Menschen, die unter entzündlichen Prozessen im Magen-Darm-Bereich leiden.

▶ Rohsäftefasten
Beim Rohsäftefasten wird dem Körper in drei bis fünf kleineren Mengen über den Tag verteilt etwa 750 Milliliter Saft zugeführt, davon sind 300 Milliliter Obstsaft, 300

Milliliter Gemüsesaft und 150 Milliliter Heilpflanzensaft (jeweils frisch gepresst). Um Beschwerden zu vermeiden, sind säurearme Früchte, wie Pfirsiche, Birnen, Trauben, Mandarinen oder Mangos, zu bevorzugen. Heilpflanzensäfte (erhältlich in Reformhaus, Apotheke oder Bioladen) werden aus frischen Wurzeln, Blättern, Blüten oder Früchten von solchen Pflanzen gepresst, deren Wirkung eindeutig erwiesen ist. So regt eine Mischung von Brennnessel-, Löwenzahn- und Artischockensaft die Darm-, Leber- und Nierenfunktion an. In Säften befinden sich kaum unverdauliche Bestandteile wie beispielsweise Zellulose. Deshalb werden sie auch unmittelbar vom Körper absorbiert. Darüber hinaus wird der Körper mit Beta-Karotin, Vitamin C, Flavonoiden und vielen anderen sekundären Pflanzeninhaltsstoffen versorgt. Das Rohsäftefasten eignet sich daher gut bei Mangelerscheinungen, häufigen Infekterkrankungen, Übergewicht und zur Gesundheitsvorsorge. Eher untauglich ist sie bei Menschen mit empfindlicher Reaktion auf Fruchtsäuren, sensiblem Magen und Magenschleimhautentzündung.

> Schleimfasten

Wer sich zum Tee- und Saftfasten (noch) nicht entschließen kann, ist eventuell beim Schleimfasten besser aufgehoben, da diese Variation des Fastens ein besseres Sättigungsgefühl hervorruft. Diese Fastenart wird hauptsächlich bei Magen- und Darmempfindlichkeit empfohlen. Hierbei wird warmer Hafer-, Gersten- , Buchweizen, Leinsamen- oder Reisschleim in kleinen Schlucken getrunken. Der Schleim kann auch aus Leinsamen oder anderen quellenden pflanzlichen Bindemitteln zubereitet werden. Eine Wochenendkur soll Unwohlsein und Schwäche beseitigen, wirkt appetitanregend und regelt den Stuhlgang.

> Molkefasten

Beim Molkefasten wird 1 bis 1,5 Liter Kur-Molke (eine mit Eiweiß und Kohlenhydraten angereicherte Molke) in kleinen Portionen über den Tag verteilt getrunken. Ganz wichtig ist es, dass zusätzlich genügend getrunken wird: bis zu 3 Liter Wasser, ungezuckerte Kräutertees oder Früchtetees sollten pro Fastentag getrunken werden. Erlaubt ist auch die Zugabe von frisch gepresstem Saft und ein wenig Obst und gedünstetem Gemüse, um den Geschmack etwas zu verbessern. Kur-Molke ist kalorienarm, enthält viel Kalzium und Eiweiß und wirkt durch den enthaltenen Milchzucker mild abführend. Eher untauglich ist diese Kur bei häufigen Durchfällen und Molkeunverträglichkeit.

> Totales Fasten (Null-Diät)

Bei der Null-Diät sind lediglich kalorienfreie Getränke (2 bis 3 Liter täglich) sowie Vitamine und Mineralstoffe als Nahrungsergänzungsmittel erlaubt. Das totale Fasten wurde aufgrund des hohen Verlustes an Eiweiß (Muskulatur) und des fehlenden Lernens im Umgang mit einer dem Bedarf angepassten Mischkost in der Adipositastherapie aufgegeben und durch das so genannte proteinsubstituierte Fasten ersetzt.

> Proteinsubstituiertes Fasten/proteinmodifiziertes Fasten

Der Eiweißabbau (durch eine negative Stickstoffbilanz), der beim totalen Fasten auftritt, kann bereits durch die Zufuhr von etwa 50 Gramm biologisch hochwertigen Proteins (z. B. Molkeneiweiß, Eialbumin) verhindert werden. Da sich die

Stickstoffbilanz bei proteinmodifiziertem Fasten nach drei Wochen stabilisiert [8], ist diese Fastenform auch für längere Perioden als vier Wochen geeignet, totales Fasten hingegen nicht. In der Regel kommen beim proteinmodifizierten Fasten spezielle Formuladiäten zum Einsatz. Formuladiäten mit einer Gesamtenergiemenge von 500 bis 1200 kcal pro Tag ermöglichen einen Gewichtsverlust von 0,5 bis 2 Kilogramm pro Woche über einen Zeitraum von bis zu 12 Wochen [9].

Geschichte des Fastens und der Fastenzeit

Die Fastenzeit hat eine Jahrtausende alte Tradition. Es ist eine Zeit der Enthaltsamkeit, die fest im Kalender der großen Weltreligionen, meist vor Feiertagen, verankert ist. Ziel ist immer, auf leibliche Genüsse zu verzichten, um Platz für spirituelle Erfahrungen zu schaffen. Die christliche Fastenzeit reicht von Aschermittwoch bis zum Karsamstag. Nach dem Karneval wird für 40 Werktage dem „Fleisch lebe wohl" gesagt, so die Übersetzung des lateinischen „Carne vale". Auch der Begriff „Fastnacht" als „Vorabend der Fastenzeit" erinnert an die alte Tradition [1].

Im religiösen Sinne bedeutet Fasten mehr als einen Verzicht auf Nahrungsmittel, sondern ist darüber hinaus eine Rückbesinnung auf sich selbst bzw. seinen Schöpfer. In der Bibel finden sich viele Gründe für das Fasten: gefastet wird in der Trauer, als Zeichen der Demut und Reue, zur Fürbitte, zur Vorbereitung auf eine wichtige Aufgabe, zur Klärung von Gedanken, zur Buße, gegen die bösen Geister und zur Gesundung. Die Ableitung der 40 Fastentage geht auf die vierzigtägige Gebets- und Fastenzeit von Jesus in der Wüste nach der Taufe durch Johannes zurück. In der Fastenzeit ahmt der Christ die 40 Fastentage von Jesus nach. Bis heute kennt die römisch-katholische Kirche ein eigentliches Fasten, das nur eine einmalige Sättigung an Fastentagen zulässt, sowie die Abstinenz (Enthaltung von Fleischspeisen an Freitagen). Am Karfreitag muss Fasten und Abstinenz zugleich beachtet werden. Zum Fasten ist auch das Kirchengebot zu rechnen, vor Empfang des Abendmahls weder Speise noch Trank zu sich zu nehmen. Der Zeitraum von 40 Tagen findet sich noch in vielen anderen Bibeltexten. So geht die jüdische Fastentradition auf Moses zurück, der 40 Tage und Nächte auf dem Berg Sinai fastete, bevor ihm Gott die Gesetzestafeln übergab. Im Judentum wird am Jom Kippur, dem Versöhnungsfest, gefastet. Essen, trinken, rauchen – darauf sollen die Gläubigen zur „Demütigung der Seele" verzichten. Außerdem darf man sich nicht waschen, nicht zur Arbeit gehen und nicht sexuell aktiv sein [5]. Im Islam sind alle Muslime verpflichtet im heiligen Monat Ramadan (9. Lunarmonat des islamischen Kalenders) täglich in der Zeit von Sonnenaufgang bis zum Einbruch der Nacht zu fasten. In dieser Zeit ist es den Gläubigen untersagt, feste oder flüssige Speisen zu sich zu nehmen, zu rauchen oder sich sexuell zu betätigen. Während des Fastens ist es nicht gestattet, Schlechtes über seine Glaubensgenossen zu reden, Böses zu tun, die Unwahrheit zu sagen. Nichtbeachtung stellt eine schwere Schuld dar. Allerdings sind Ausnahmen vom Fastengebot insbesondere für Reisende, Kranke Schwangere, Stillende und Menstruierende sowie alte Menschen zulässig, wenn sie zur Aufrechterhaltung der Gesundheit notwendig sind [10, 11]. Aus ernährungswissenschaftlicher Sicht spricht nichts gegen religiös bedingtes Fasten, wenn damit insbesondere die Meidung von Fleisch, Alkohol oder Süßigkeiten gemeint ist und die Völlerei ausgeschlossen wird. Aber auch durch diese Form des Fastens wird eine gesunde Ernährungsweise nicht in jedem Falle gelernt.

Beurteilung des Fastens

Nach den Kriterien der evidenzbasierten Wissenschaft gilt Heilfasten heute als eine ernährungsmedizinisch überholte Methode. Fastenärzte und Fastenkliniken stützen sich ausschließlich auf Erfahrungsberichte und Fallverläufe, kontrollierte Studien zu den Wirkungen des Heilfastens fehlen hingegen bis heute [5]. Insbesondere sind zentrale Begriffe wie „Entschlackung" und „Entgiftung" wissenschaftlich nicht begründbar. Schlacken fallen im menschlichen Organismus nicht an, da die aus den Nahrungsbestandteilen entstehenden Abbauprodukte (Wasser, Kohlendioxid, Harnsäure, und Ammoniak) ausgeschieden werden. Eine Anhäufung unerwünschter, toxischer Stoffwechsel-Endprodukte tritt unter physiologischen Bedingungen nicht ein. Tatsächlich ist der starke Mund- und Körpergeruch auf die Verbrennung von Ketonkörpern aus dem Fettabbau für die Energiegewinnung des Gehirns zurückzuführen. Das mit zunehmender Fastendauer vermehrt entstehende Azeton bewirkt eine Übersäuerung, die Ketoazidose, sowie durch die Ausscheidung der Ketonkörper über Urin und Atemluft den unangenehmen Geruch. Dieser Prozess hemmt die Fähigkeit der Niere zur Harnsäureausscheidung, wodurch es zu einem Anstieg der Harnsäurekonzentration im Serum kommt. Menschen mit erhöhten Harnsäurewerten (Hyperurikämie-Patienten) sollten wegen der Gefahr eines akuten Gichtanfalls nicht fasten. Des Weiteren kann das Gehirn die Ketonkörper beim mehrtägigen Fasten allerdings erst nach einigen Tagen nutzen. Daher baut der Organismus in der Anfangsphase des Fastens verstärkt körpereigenes Eiweiß aus der Skelett- und Herzmuskulatur ab (etwa 75 Gramm pro Tag), um aus den Aminosäuren Glukose zu bilden (Glukoneogenese). Besonders gefährlich ist der Muskelabbau des Herzmuskels, dem Myokard. Bei sehr schneller Gewichtsabnahme kann es, auch bei einer gewissen Eiweißzufuhr, zu einer erheblichen Mobilisierung von Körpereiweiß aus dem Myokard kommen. Dies gilt vor allem für Personen mit Normalgewicht oder nur leichtem Übergewicht, die beim Fasten mehr fettfreie Körpermasse, also Muskulatur, verlieren als stark Übergewichtige [4]. Auf keinen Fall dürfen daher Patienten mit bestehenden Herzerkrankungen fasten. Kontraindiziert ist das Fasten außerdem insbesondere bei Schwangeren, Stillenden, Krankheiten der Leber und Nieren, Krebserkrankungen und Diabetes Typ I (siehe Tab. 1). Zudem besteht beim Fasten die Gefahr der Entstehung von Gallenblasensteinen, wenn die Gallenflüssigkeit aufgrund des inaktiven Darms anfängt zu kristallisieren. Fasten ist als Therapie zur Gewichtsreduktion nicht zu empfehlen, da im fortgeschrittenen Hungerzustand der Gewichtsverlust infolge eines verringerten Energieverbrauchs durch den Rückgang an stoffwechselaktiver Körpermasse (Muskulatur) immer geringer ausfällt. Der Grundumsatz während des Fastens sinkt in erster Linie durch (hauptsächlich Muskelmasse). Diese erhöhte energetische Effizienz des Stoffwechsels führt bei der Rückkehr zu den gewohnten Ernährungsmustern zum gefürchteten „Jo-Jo-Effekt": dem Wiederanstieg des Körpergewichts, meist über das Ausgangsgewicht vor der Fastenkur hinaus. Generell sollte Heilfasten nur stationär in speziellen Fastenkliniken unter ärztlicher Aufsicht durchgeführt werden. Durch das Rahmenprogramm mit Bewegung, Psychotherapie, Entspannung und Ernährungsschulung kann Heilfasten ein Impuls für eine Änderung des Lebensstils sein. Die positiven Erfahrungen einer Heilfastenkur können zu einer gesundheitsbewussteren Lebensführung und einer Änderung der Ernährungsgewohnheiten führen. Da Fasten wissenschaftlich bisher nicht begründet und für viele Menschen mit gesundheitlichen Gefahren belastet ist, lehnen ernährungsmedizinische und ernährungswissenschaftliche Fachgesellschaften und Organisationen diese Methode ab und warnt nachdrücklich davor. Sinnvoller ist eine langfristige Ernährungsumstellung in Kombination mit ausreichend Sport, um Übergewicht abzubauen oder eine gesunde Lebens- und Ernährungsweise, um den Organismus zu entlasten. Da das religiös bedingte Fasten nicht zu einer extrem hypokalorischen Ernährungsweise mit Proteinmangel führt, ist es aus ernährungswissenschaftlicher Sicht nicht abzulehnen, sondern sogar ausdrücklich zu befürworten.

Autoren: Dipl. oec. troph. Thomas Reiche unter Mitarbeit von Sven-David Müller, M.Sc.

Korrespondierender Autor: Sven-David Müller, Master of Science in Applied Nutritional Medicine, Haddamshäuser Weg 4a, 35096 Weimar an der Lahn, www.dkgd.de

[1] Duden (2001):Herkunftswörterbuch. Etymologie der deutschen Sprache. Band 7, 3., völlig neu bearb. und erw. Aufl., Mannheim: Dudenverlag.

[2] ÄGHE (2002): Leitlinien zur Fastentherapie. Forsch. Komplementärmed. Klass. Naturheilkd. 9, 189–198.

[3] Pschyrembel (2000): Wörterbuch Naturheilkunde und alternative Heilverfahren mit Homöopathie, Psychotherapie und Ernährungsmedizin. 2. überarb. Aufl., Berlin: De Gruyter Verlag.

[4] von Herz, U. und Müller, M. J. (1996): Heilfasten. Akt. Ernähr.-Med. 21, 25-28.

[5] Tschannen, M. P. (2003): Das Fasten aus medizinhistorischer Sicht. INAUGURAL-DISSERTATION zur Erlangung der Doktorwürde der Medizinischen Fakultät der Universität Zürich.

[6] Buchinger, O. und Buchinger, A. (1989): Das heilende Fasten. 2., verb. Aufl., Wiesbaden: Jopp Verlag.

[7] Buchinger, O. (1951): Das Heilfasten und seine Hilfsmethoden als biologischer Weg. 15. Aufl., Stuttgart.

[8] Wechsler J. G. (1998): Diätetische Therapie der Adipositas. In: Wechsler J. G. (Hrsg.): Adipositas – Ursachen und Therapie. Berlin: Blackwell Wissenschaftsverlag, 218-223.

[9] Deutsche Adipositas-Gesellschaft (2007): Evidenzbasierte Leitlinie Prävention und Therapie der Adipositas – Version 2007. http://www.adipositas-gesellschaft.de/daten/Adipositas-Leitlinie-2007.pdf (Stand: 24.03.2011)

[10] Gosciniak, H.-Th. (1997): Islamische Patienten und das religiöse Fasten: Compliance versus Glauben. Deutsches Ärzteblatt 94 (3), A-87-C-67.

[11] Harwazinski, A. M. (2002): Fasten im Islam: Gebot körperlicher Unversehrtheit. Deutsches Ärzteblatt 99 (48), A-3242-C-2545.